简单造型的
黏土小饰物手作

[日]佐藤玲奈（Atelier Pelto）著

史海媛 韩慧英 译

化学工业出版社
·北京·

Contents

前言

或许大家都有小时候玩黏土的记忆。

我自己也和妈妈一起玩过黏土，从而促成了本书的完成。

本书中使用的是"石塑黏土"，也称作"石粉黏土"。

其特点是具有石头粉末的平滑质感，上色后涂上清漆，如陶器般圆润可爱。

质地轻且强度高，不会使身体感到负担，也不会拉扯衣物，

最适合用于制作衣物的装饰物。

无需经过烤箱或窑洞的烘烤，在家就能轻松完成。

本书中，介绍了各种按纸型裁剪就能简单制作完成的陶瓷质感小饰物的制作方法。

基本的造型、简单颜色的作品也能作为成熟风格的装饰品，还有深受孩子喜爱的动物作品。

另外，还准备了许多令人开心的形状和样式，北欧造型、大自然的东西、食物、交通工具等。

所需工具也不多，大家都能轻松体验，还能和孩子们一起制作。

熟练之后，再加上自己的创意。

希望本书能给大家带来制作黏土装饰的快乐。

佐藤玲奈

Basic Motif

根据使用的颜色及图案，
基本造型也能创意出各种形象的装饰物。
或可爱、或成熟，可以按自己喜欢的风格来尝试。

1～10
圆形
胸针、耳坠、耳环
how to make ... p71

11～29
三角形、正方形
胸针、戒指、耳环、别针、发圈、耳坠
how to make ... p72

 30 ~ 38
水滴、圆环 胸针及别针
how to make ... p73

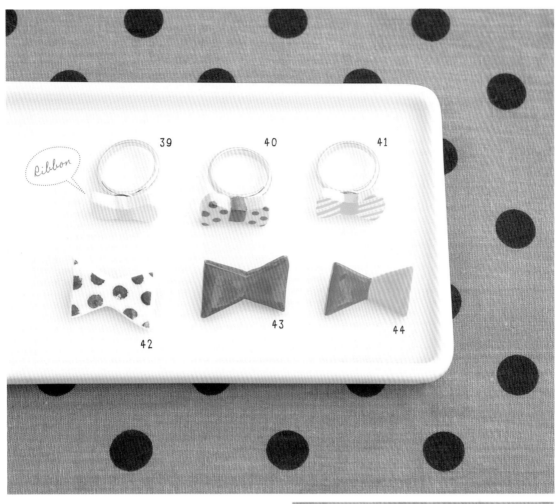

39　40　41

ribbon

42　43　44

39～44
蝴蝶结 戒指、胸针
how to make ... p73

Heart

45

46

45.46
心形 胸针
how to make ... p74

星星、月亮 胸针

how to make ... p74

Let's arrange!!

每天使用的
身边物品

基本形及创意改造的日常物品。因为黏土质地轻且结实，可放心使用。为了提高筷托的耐水性，充分涂布清漆。

筷托

a 参照第 61 页，用厚度 4mm 的黏土制作造型。通过步骤 4 的工序切出形状后，使其干燥前将花瓣朝向内侧翻边成形。 b 参照第 61 页，用厚度 1cm 黏土制作造型。涂色并涂布足量清漆后成形。

how to make ... p90

磁吸

参照第 61 页，用厚度 4mm 的黏土制作造型。造型的反面粘贴市售的成品磁扣，充分干燥后即完成。

how to make ... p71-72, 90

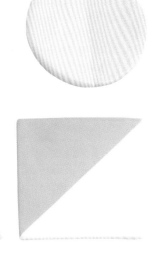

Daily&Natural Motif

试着将房子、山、树等大家都熟悉并喜爱的身边造型制作成
装饰物。
改变颜色后，整体印象也会大不相同，
创造出独特效果。

56 ~ 70
房子、山、树 胸针
how to make ... p75

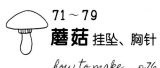

71 ~ 79

蘑菇 挂坠、胸针

how to make ... p76

Mushroom

71

74

77

72

75

78

73

76

79

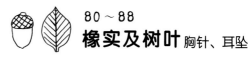

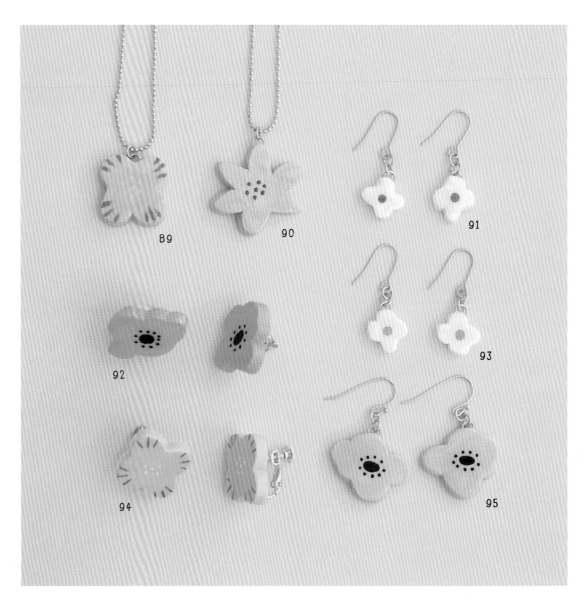

89

90

91

92

93

94

95

89～110

花朵 项链、耳坠、耳环、胸针

how to make ... p77

Flower

96

97

98

99

100

101

102

103

104

105

106

107

108

109

110

111 ～ 116

拼图、钻石

胸针

how to make ... p78

117 ～ 127
眼镜、领带、王冠、胡子
胸针
how to make ... p78

纽扣胸针

how to make … p79

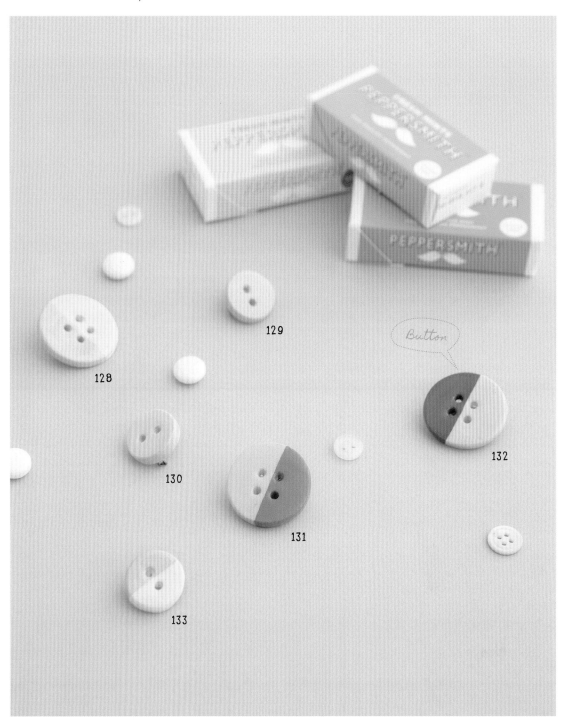

128

129

130

131

132

133

Button

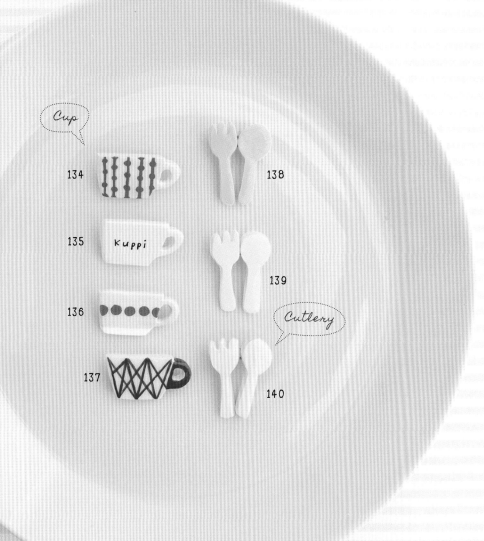

Cup

134

135 kuppi

136

137

138

139

Cutlery

140

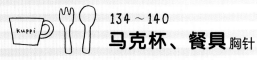

134～140
马克杯、餐具 胸针
how to make ... p79

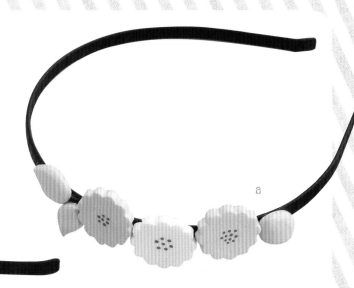

Let's arrange!!

大尺寸造型的
陶瓷质感发饰

制作大尺寸且质地轻的发饰。结实，
有一定抗冲击性也是其吸引人之处。
此外，最关键的是用胶水固定。

发箍

参照第61页，用厚度4mm的黏土
制作造型。为了 a 的叶子周围更圆
润，在干燥前用手指弄圆滑。用胶
水将造型粘合于简单的发箍上，干
燥后即完成。

how to make ... p91

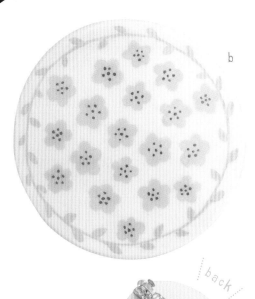

发夹

参照第61页，用厚度4mm的黏土制
作造型。a、b 分别沿着发夹金具的弧
线成形，并干燥。之后，装上发夹金具。

how to make ... p91

Animal Motif

本部分为深受孩子们喜爱的动物造型,使用图案和简单色调,
装饰出简洁、精致的效果。
还收集了许多各年龄层的人都会喜欢的造型。

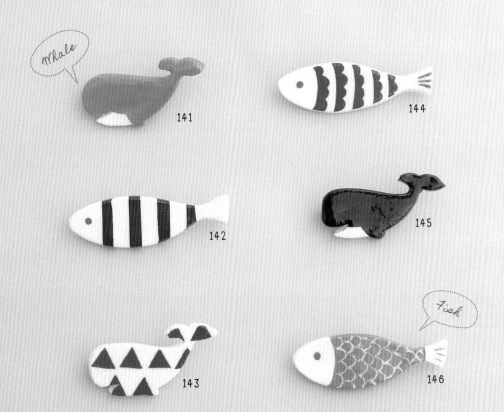

141～146
鲸鱼、鱼儿 胸针

how to make ... p79

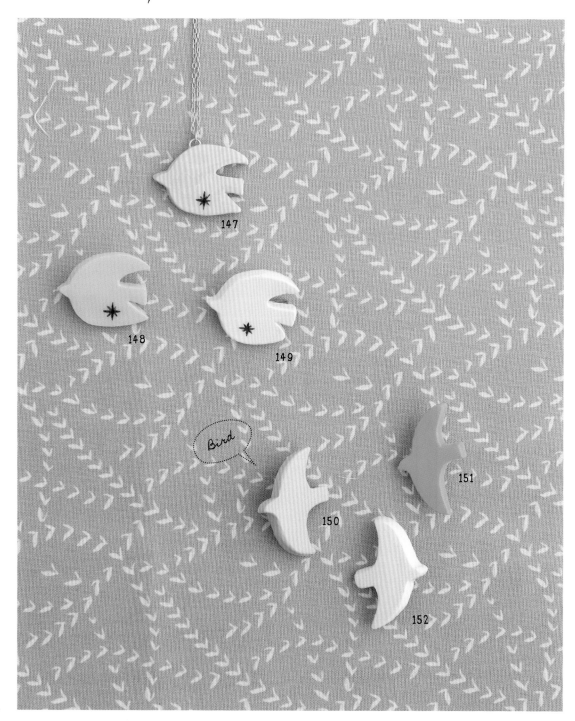

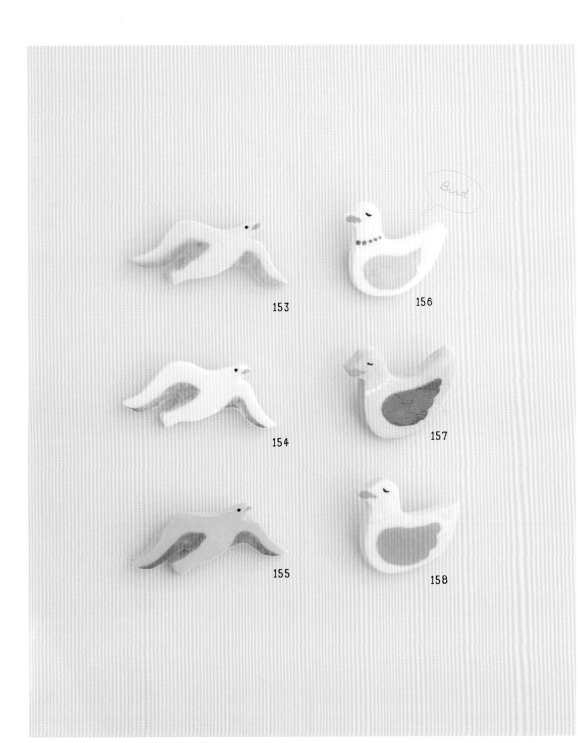

153

156

154

157

155

158

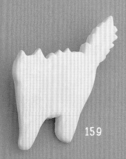

159

160

Cat

162

161

Dog

163

164

166

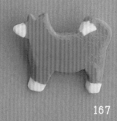

167

165

168

169

170～175
猫头、狗头 胸针

how to make ... p81

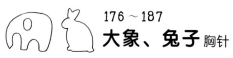

188～190

熊

挂坠及胸针

how to make ... p81

189

Bear

188

190

Polar Bear

191

192

191～192

北极熊

胸针

how to make ... p82

193～199

熊猫、长颈鹿 胸针

how to make ... p82

200~202
绵羊
胸针

how to make ... p82

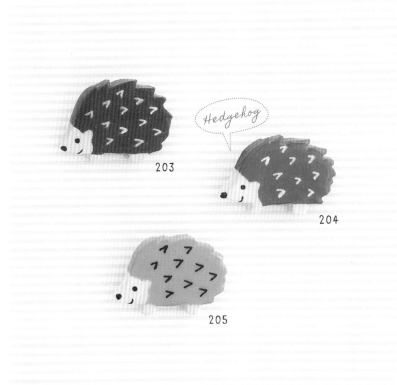

203~205
刺猬
胸针

how to make ... p83

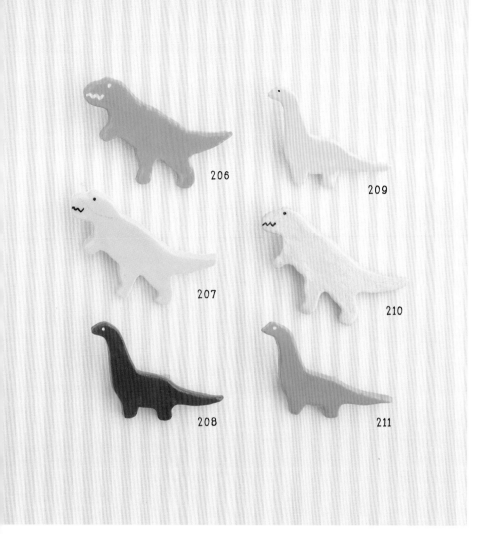

206

209

207

210

208

211

206〜214
恐龙
胸针

how to make ... p83

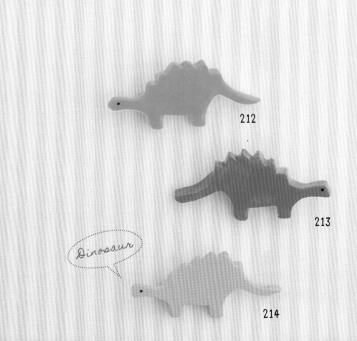

212

213

Dinosaur

214

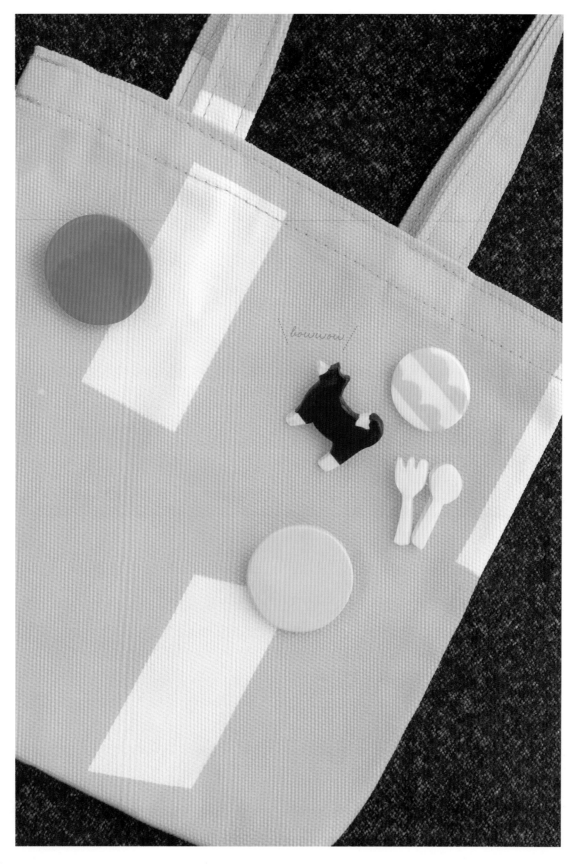

Food Motif

食物造型能够感受到季节变化，而且外形可爱。
在基本造型上变化设计，会有更精美的点缀效果。

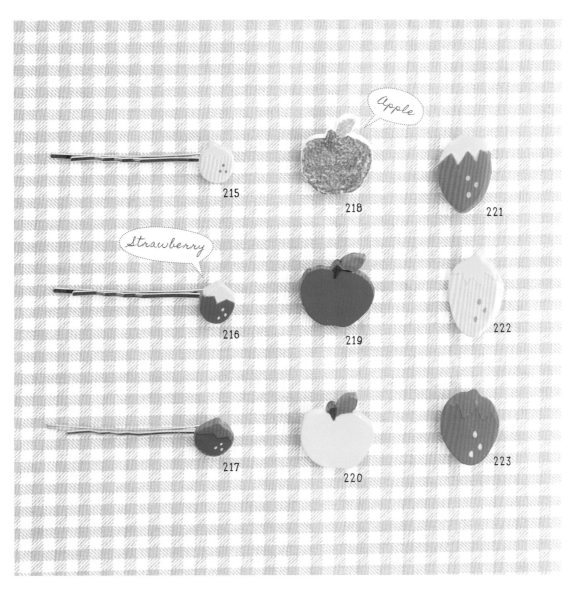

215～223
草莓、苹果 发卡、胸针
how to make ... p83-84

  224～229
饼干、甜甜圈 胸针
how to make ... p84

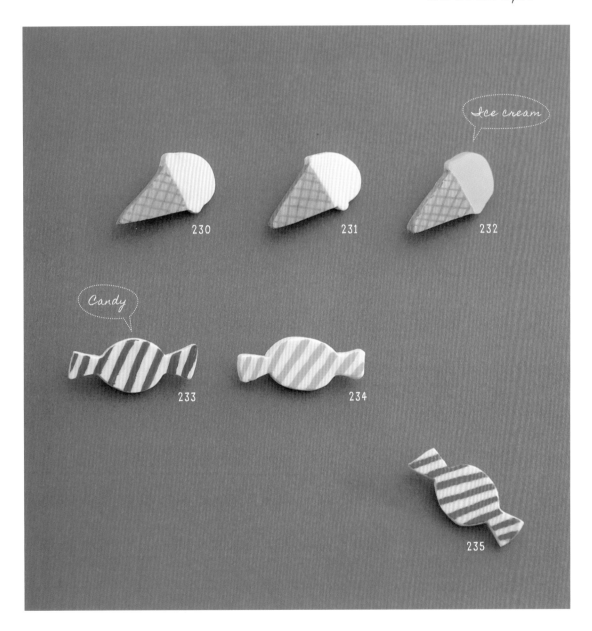

236 ~ 242

红酒、面包 胸针

how to make ... p85

236

Bread

237

238

Wine

239

240

241

242

Let's arrange!!

利用贴纸或珠子的
改造作品

如果不擅于涂色、绘画，可以利用贴纸或珠子。色彩缤纷、漂亮的作品可以轻松完成，请一定尝试。

利用贴纸

参照第 61 页，用厚度 4mm 的黏土制作造型。造型干燥后，贴上贴纸（可以用胶水提升强度），涂布足量的清漆后即完成。

how to make ... p 71, 91

利用珠子

a 参照第 61 页，用厚度 4mm 的黏土制作造型。b 将适量的黏土搓圆，一面按压黏土座，制作成平面。a、b 均在造型干燥前，将珠子放上，并用手指按压埋入。a 涂色，a、b 均涂布足量的清漆后即完成。

how to make ... p 92

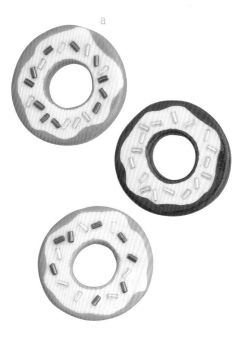

Car,Ship,Train Motif

男孩最喜欢的交通工具造型。
也适合挂在书包上，还可以巧妙设计颜色，制作出妈妈款的亲子组合。

243 ～ 255
轿车、公共汽车、卡车、
火车、高铁 胸针

how to make ... p85

256

Balloon

257

258

256～258
热气球 胸针
how to make ... p86

259

260

261

262

259 ~ 262

帆船 胸针

how to make ... p86

let's arrange!!

室内装饰物

制作轻轻摇动的风铃。缓慢且不停摇动，建议使用鲜艳的颜色。用线连接后，微调以保持平衡。

风铃

准备竹签、线，参照第 61 页，用厚度 4mm 的黏土制作造型。通过步骤 4 的工序切出形状后，在干燥前埋入圆环。造型完成后穿线，装入两端用黏土装饰的竹签上，平衡挂起后即完成。

how to make ... p92

Season Motif

十分应季的几种造型。
制作成每天挂在身上的装饰，在心中体味四季的芬芳。

263～268
四叶草、郁金香
胸针

how to make ... p86

269 ~ 277
帆船、西瓜 胸针
how to make ... p87

Summer

yacht

269

270

271

272

273

274

Watermelon

275

276

277

Summer

Hat

278

279

245

280

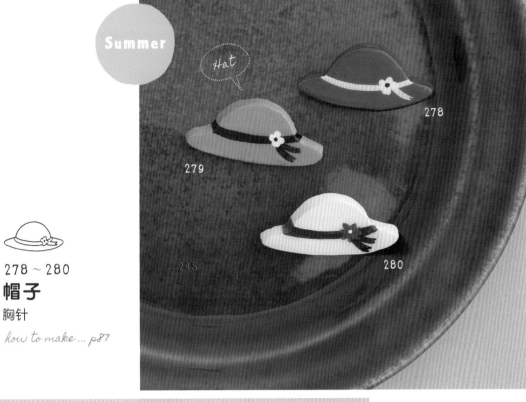

278~280
帽子
胸针

how to make ... p87

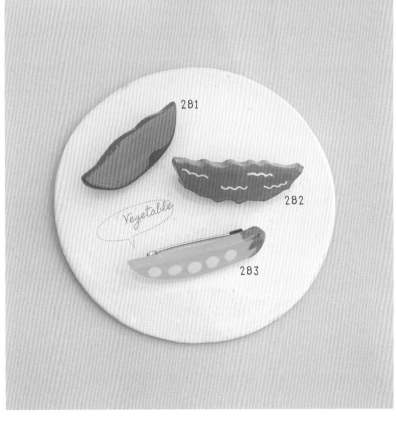

281

282

Vegetable

283

281~283
蔬菜
胸针

how to make ... p87

284～285
万圣节
胸针
how to make … p88

286～288
猫头鹰
胸针
how to make … p88

Winter

Mitten

289～291
连指手套
胸针

how to make ... p88

290

291

289

Snowman

292　　　　293　　　　294

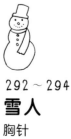

292～294
雪人
胸针

how to make ... p88-89

Christmas

Gift

Christmas Tree

295

296

297

298

299

300

301

302

 295～302

松树、礼物 胸针

how to make ... p89

tontuu

305　　306

307　　308

Christmas Tree

Santa Claus

303　　304

303～308
圣诞树、圣诞老人、小矮人
胸针

how to make … p89

Let's arrange!!

给礼物增添色彩的饰品

将亲手制作的饰品挂在礼物包装上，完成一份独特创意的礼物。还可以加上几句祝福，如果是乔迁之喜则设计成房子造型，内容根据收礼对象来选择。

包装饰品

参照第61页，用厚度4mm的黏土制作造型。通过步骤4的工序切出形状后，在干燥前埋入圆环。a的窗户或门部分用不锈钢细刻刀压出形状。b用印章按印出喜欢的文字。

how to make ... p93

a

b

参照第61页，用厚度4mm的黏土制作造型。通过步骤4的工序切出形状后，在干燥前用印章按印出喜欢的文字，固定在包装上。

how to make ... p93

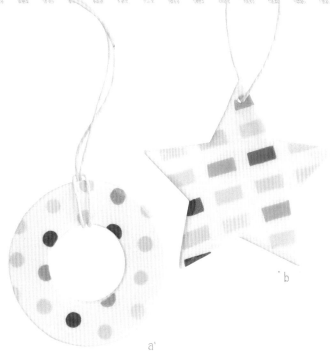

装饰物

参照第 61 页，用厚度 4mm 的黏土
制作造型。 通过步骤 4 的工序切出
形状后，在干燥前用竹签开孔。分别
在造型成形后，穿入绳子即完成。

how to make ... p93

增添乐趣的
派对装饰物

试着制作圣诞树的装饰物或结婚仪
式中大受欢迎的场景道具。设计主
题，用相同颜色制作，或者用各种
鲜艳的颜色完成。

场景道具

准备吸管，参照第 61 页，用厚度约 1cm 的
黏土制作造型。通过步骤 4 的工序切出形状
后，在干燥前将吸管埋入造型中。涂色并涂布
足量的清漆后即完成。

how to make ... p94

基本工具和制作方法

How to make

介绍本书中使用的工具和装饰物的制作方法。
先记住步骤，接着就能简单制作，
容易按自己的喜好改造，便是石塑黏土的有趣之处。
那么，开始试着制作自己喜好的作品吧！

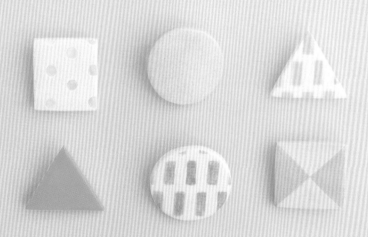

石塑黏土

名字似乎听起来不习惯，
但使用起来非常方便的"石塑黏土"。

石塑黏土是什么？

用石头的粉末加工而成的黏土，也称作"石粉黏土"。质地轻且细腻，容易拉伸塑形，并且，具有干燥之后可切削的特性。干燥之后，可用油画颜料、海报颜料、签字笔等涂色。原本多用于制作人偶的黏土，因其使用方便，所以也适合用于制作小饰物。

石塑黏土的特征

质地轻

第一次使用这种黏土一定会感到它轻得出乎意料。3cm 左右的作品，几乎感觉不到重量，挂在身上不会令人感到沉重。

可切削

干燥后，可用锉刀等轻松切削。即使不擅长倒模，之后也能修整，是一种适合初学者的材料。

易成形

用细腻的石粉加工而成，所以柔软、易成形。制作过程中，干燥后加入少量水分，可立刻恢复润滑感。

白如陶器

因其取材自石粉，质地较白。除了可以任意涂色，还能涂布足量清漆，体验制作陶器的乐趣。

使其更像陶器的 方法

本书中使用白色且轻质的石塑黏土，成品外形犹如陶器般。因此，为了使其更像陶器，涂布足量的清漆，对各种作品实施精细处理。下图左侧为涂布一次清漆，右侧为涂布两次清漆。根据自己喜欢，可多涂几次。

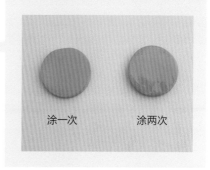

涂一次　　　涂两次

种类

本书所使用黏土

La Doll · Premier

本书中使用的是 Padico 公司生产的黏土。Premier 在 La Doll 系列中质地最轻，具有强度，且外观柔滑，使用方便。

artista formo（白）

天然石粉加工而成的黏土。柔滑、且使用方便。纯天然奶白色，色调柔和。

artista formo（棕）

经过涂色的石塑黏土。干燥后经过研磨，外表呈古铜色。此外，还有呈青铜色的绿色品种。

基本材料和工具①

介绍制作装饰物所需的工具。
可从手工店或美术用品画材店购得。

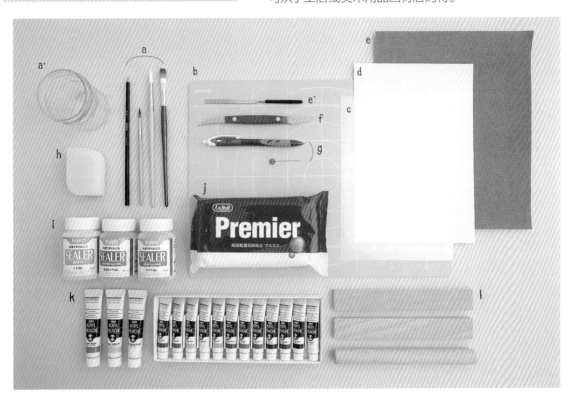

a 画笔（颜料用、清漆用）、瓶子

涂布丙烯颜料或清漆时使用。建议尖笔头、粗笔头、平笔头均准备。

b 黏土板

用于揉捏、拉伸黏土。建议厚度能够经受刻刀的使用。

c 美工纸

拉伸黏土时用于夹住的纸，可防止黏土粘在黏土板上。也可用复印纸代替。

d 画纸

用于描绘图案及制作纸型，厚实的画纸最方便。

e 砂纸、金刚石锉刀

黏土成形干燥后，切削四周时使用。细微部分建议使用金刚石锉刀。

f 黏土用刻刀

切割黏土的刻刀，适合直线纸型时使用。

g 自动铅笔、珠针

珠针放入自动铅笔中，用于切割黏土或表现细微部分。

h 海绵

用于使黏土湿润，保持黏土周围润滑，以及涂颜料时浸湿造型物。

i 水性丙烯清漆

用于精细处理。本书中使用"厚涂光泽型"，重叠涂布（不是亚光型）。

j 石塑黏土

质地轻、容易成形的石塑黏土，详情参照第 56 页。

k 丙烯颜料

最适合石塑黏土涂色的颜料。红色系、黄绿色等容易不均匀，不可重叠使用。

l 擀泥棒、隔板

用于拉伸石塑黏土，详细使用方法参照第 61 页。

基本材料和工具②

介绍除装饰物加工所需工具、丙烯颜料以外的上色工具。

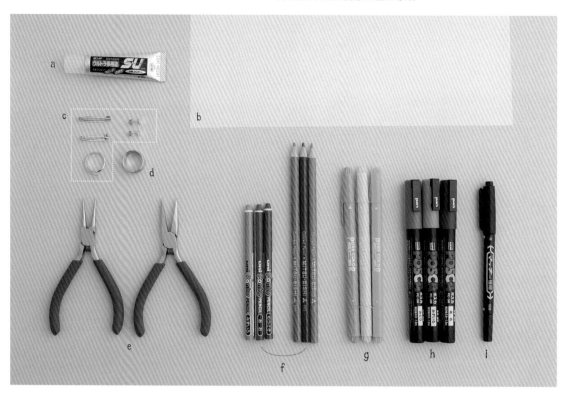

a 胶粘剂

用于固定装饰物用金具。建议使用可用于黏结金属的类型，强度高且速干。

b 绘图纸

用于将纸型描印于画纸或将图案（参照第 94、95 页）描印于造型物时。

c 装饰物金具

将造型物制作成装饰物所需的金具，详情参照第 60 页。

d 指环

装饰物制作时用于打开圆环的工具。如果没有，可用夹钳代替。

e 夹钳（圆头、平头）

用于打开圆环等固定装饰物金具。

f 彩色铅笔

色调柔和，且可对作品涂色的彩色铅笔。建议准备几支常用色和特别色。

g 签字笔

用于画细线或涂布细小空间等。

h 马克笔

水性颜料笔，适合用于无光泽涂布效果。

i 记号笔

显色效果清晰。本书中除了黑色油性笔，还用了白色油性笔。

方便使用的工具

使作品更整洁、制作过程更顺利的各种工具。

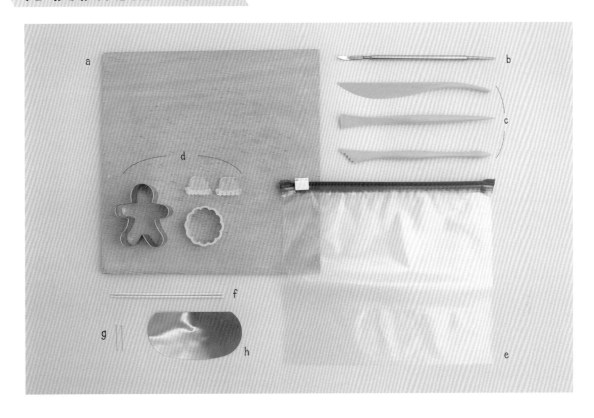

a 胶木板

干燥造型物时用作压重物，以及使造型物整齐成形。也可用亚克力板代替。

d 饼干模具、印章

可代替纸型使用。轻便，方便孩子使用。

g 大头针

对造型物涂布清漆时，刺入反面等隐蔽位置使用。最后搭配方便大头针立起放置的泡沫塑料。

b 不锈钢细刻刀

用于将图案描绘于造型物，或者雕刻表面造型。方便用于细小的造型物。

e 拉锁文件袋

用于保存黏土，可防干燥。也可使用密封容器代替。

h 铝抹子

用于将黏土从黏土板或美工纸中剥离。也可用废旧的磁卡代替。

c 黏土塑刀

用于切断黏土或使其表面平滑的工具。多准备几种形状的塑刀，作品的造型更丰富。

f 竹签

用于在造型物面制造凹凸感，或者用于开孔。与不锈钢细刻刀的作用相同。

装饰物金具

制作本书中主要装饰物所使用的金具。
固定方法参照第 66 页之后。

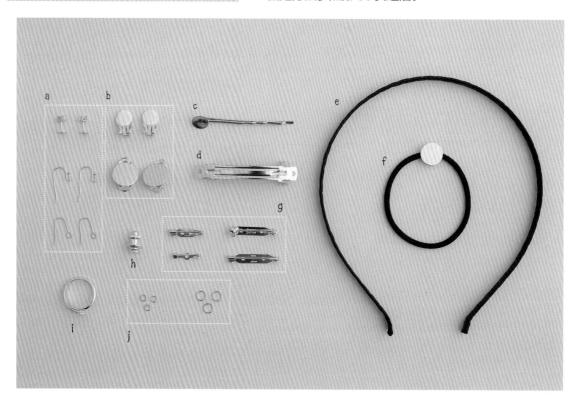

a 耳坠金具

钉型（最上方）、钩型（下方 2 个）。
钩型与 j 的圆环配合使用。

b 耳环金具

使用弹簧固定于耳朵所需金具。对
应造型物的尺寸，选择圆座尺寸合
适的类型。

c 发卡座

本书中使用的是长 10mm、圆头的
发卡座。注意造型物的上下方向，
小心粘贴。

d 发夹金具

本书中使用的是长度 6mm 的发夹
金具。分上下方向的造型物时，应
注意固定方向。

e 发箍座

用胶水固定造型物，可任意装饰的
发箍座。本书中使用宽度 7mm 的
发箍座。

f 发圈座

带固定造型物的圆座的发圈，本书
中使用的圆座直径为 12mm。

g 胸针金具

长 15mm、20mm、30mm 等尺寸，
依据制作的造型，准备合适的尺寸。

h 领口针座

固定于领带的领口针座，也可用于
制作胸针。会对服装等开较大的孔，
使用时需注意。

i 戒指座

造型物可粘贴于圆座的戒指，本书
中使用的圆座直径为 8mm。

j 圆环

用于连接各组件。按粗度及大小分
量，使用符合造型物的尺寸。

※ 除了图片中所示的金具，本书中作品
还使用到了挂坠金具、项链金具。

基本制作方法

使用石塑黏土的小饰物基本制作工序。
步骤简单，很快就能熟练。

1

制作纸型。首先，将纸型描印于绘图纸，并与画纸重叠，用裁纸刀或剪刀裁剪。如果是儿童制作，建议放大 1.5 倍。

2

准备适量黏土，用手揉捏后，放在已铺设美工纸的黏土板上。

3

两侧放上隔板，上方再重叠盖上美工纸，拉伸黏土。※ 本书的作品均拉伸为 4mm 厚度。

4

对齐步骤 1 的纸型，用放入针的自动铅笔沿线切取。过程中，适时清除针头粘上的黏土。

也可以使用饼干模具！

用模具剪切后，干燥前用湿润的海绵抹平四周，使边角平滑。

5

放置于平整处，干燥 2～3 天。为了避免造型物翘边，可用胶木板等重物从上方压住。

6

用锉刀切削造型物周围，使其平滑。细微部分使用金刚石锉刀。

7

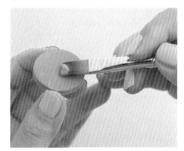

使用丙烯颜料或马克笔等涂色，之后待其充分干燥。

8

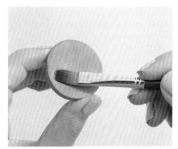

涂布足量清漆。涂布一次之后待其干燥，再重复涂布，加工出陶器质感。

使用石塑黏土的技巧

介绍熟练使用颗粒细、柔滑且容易塑形的石塑黏土的技巧。

制作方法的诀窍

造型物成形时的诀窍及关键。
只要注意几点，成品效果就会大为不同。

Point1
用美工纸或普通纸夹住实施作业

黏土在使用过程中开始干燥，容易粘在黏土板及擀泥棒上。为了防止这种问题发生，用美工纸或普通纸夹住实施作业。

Point2
脱模时注意指甲

脱模时，容易留下指甲痕迹，应注意避免指甲触碰。如果不小心留下痕迹，可用湿海绵浸润表面使其恢复平滑。

Point3
直线切时留出时间一次切出

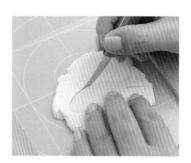

直线脱模时，拉伸为厚度4mm后，放置15分钟左右，更容易一次切出，且断面整齐。

Point4
复杂造型先描点，再将点连接切开

黏土质地软，切模子时容易粘连。特别是复杂的造型更难，如果连接各点切开，则可以避免粘连。

Point5
使用饼干模具时，用湿海绵清除多余的黏土

使用饼干模具时，如周围残留黏土，可用湿海绵擦拭清除，省去干燥后打磨。

Point6
作品用胶木板或亚克力板等夹住干燥

干燥时，造型物可能会翘边。因此，需要放上胶木板或亚克力板等重物，使其定型干燥。

涂色的诀窍

各种造型物涂色时的诀窍及关键。
有的染料容易渗透或不均匀,所以需要掌握诀窍才能处理得更美观。

 丙烯颜料

Point1 先涂浅色

为了提升颜料的黏附性,用湿海绵擦拭造型物表面,浸润水分后开始涂布。

使用双色等2种以上颜色时,先从浅色开始涂。边界最好使用细毛笔涂色。

换成细毛笔涂深色,边界涂色后,涂布剩余部分。由此,边界分明,浅色超出部分也可被修复。

Point2 先涂四周

涂图案时,先用细毛笔从四周开始涂。

轮廓清晰呈现之后,涂布里面。涂布时,注意避免颜色不均匀。

Point3 两次涂布

红色系、黄绿色等特别容易出现颜色不均匀,应先涂布一次。

干燥后,再涂布第二次。

check!

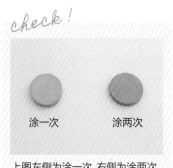

涂一次　　　　涂两次

上图左侧为涂一次,右侧为涂两次。涂两次的色调均匀、色彩自然,外观效果更好。

Point4 不涂底色时，用海绵擦拭表面

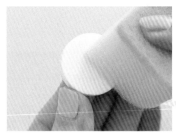

check!

NG　　　　OK

不涂底色，保持白色黏土自然色调时，因为黏土容易吸附颜料，所以需要用湿海绵擦拭其表面。

上图左侧是未经擦拭的涂色效果，颜料的水分被黏土吸收，无法画出整齐线条。右侧是经过擦拭的涂色效果，线条清晰整齐。

Point5　细微图案用原色描绘

描绘花蕊、动物眼睛等细微部分时，为了避免渗色，使用颜料原液。用细毛笔，直接从颜料瓶中蘸取。

不用水稀释，直接从颜料瓶中蘸取颜料描绘。

⭐ 马克笔·签字笔·油性笔

Point6　描绘图案

check!

NG　　　　　OK

用马克笔或油性笔涂色或描绘图案时，底色涂完时最好先涂布清漆，并待其干燥。

描绘完成之后，颜色均匀，图案清晰。

上图左侧是未涂清漆的描绘效果，笔迹残留，颜色不均匀。右侧为先涂布清漆的描绘效果，图案清晰。

图案（附录）的使用方法

直接描绘于作品中使用的图案见第 94、95 页。本篇介绍的是使用方法。

1

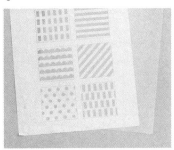

准备绘图纸和图案。图案复印后方便使用。

2

将绘图纸重叠于图案上方，描绘需要的图案。

3

参考第 61 页的 2 ~ 6，制作造型。此图中为制作圆形。

4

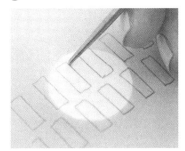

干燥后用锉刀修整四周，重叠步骤 2 的绘图纸，进入描印图案的步骤。

5

用不锈钢细刻刀，从上方描印图案，并在造型物中稍稍留下痕迹。也可用黏土塑刀代替。

6

沿着步骤 5 描印的痕迹涂色，图中使用的是彩色铅笔，使用丙烯颜料、签字笔时的做法同样。

7

涂色后，涂布清漆（使用丙烯颜料时需待其充分干燥后再涂布清漆）。涂布一次清漆后干燥 1 小时，再涂布第二次。

8

准备装饰物金具，在造型物背面涂胶水。用力按压，放置至充分干燥。

完成!!

装饰物金具的固定方法

将造型物制作成装饰物的方法。
掌握各金具的使用诀窍，保证成品美观。

胸针1

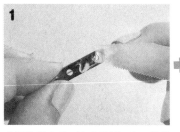	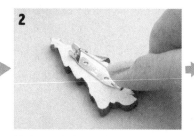

1 拿起胸针金具，涂胶黏剂。为了整体涂布均匀，最好逐次少量涂布。

2 将步骤1的成品固定于造型物的背面。用力按压，使其固定结实。

3 充分干燥。干燥放置时间因胶黏剂的特性而异，应确认是否充分干燥。

胸针2（小物件）

	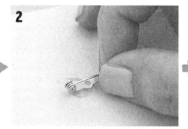

1 在不用的纸上挤出一些胶黏剂，备用。

2 拿起胸针金具，涂步骤1准备的胶黏剂。

3 将胸针金具固定于造型物的背面中央部分，充分干燥。用餐巾纸等擦拭溢出的胶黏剂。

领口针

1 在不用的纸上挤出一些胶黏剂，涂在领口针的圆座部分。胶黏剂容易溢出，注意不要涂太多。

2 金具固定于造型物的背面中央部分。

3 放置至充分干燥。

🔷 钉型耳钉

1

在不用的纸上挤出一些胶黏剂，均匀涂在耳钉的圆座部分。

2

金具固定于造型物的背面中央部分。

3

放置至充分干燥。难以操作时，可先将活动部分拆下。

🔷 钩型耳钉

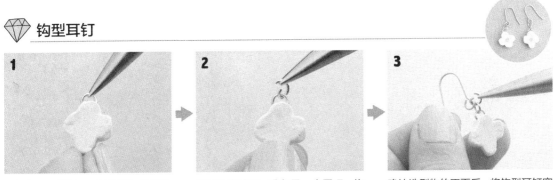

1

参考第 61 页的 1～4，造型物成形后，在干燥前将圆环埋入造型物中。

2

造型物完成后，准备另一个圆环，将其前后分开，穿入步骤 1 的圆环中。

3

确认造型物的正面后，将钩型耳钉穿入步骤 2 的圆环，并闭合圆环。

🔷 耳环1

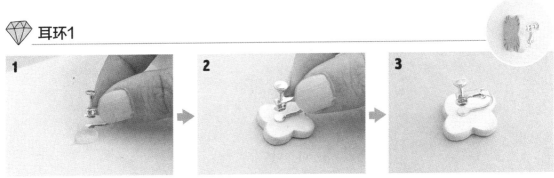

1

在不用的纸上挤出一些胶黏剂，均匀涂在耳环的圆座部分。

2

金具固定于造型物的背面中央部分。

3

放置至充分干燥。

耳环2

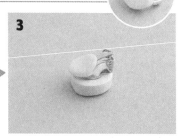

1

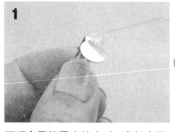

耳环金具的圆座较大时，拿起金具，将胶黏剂均匀涂在圆座部分。

2

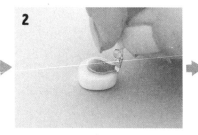

金具固定于造型物的背面中央部分。

3

放置至充分干燥。弹簧的反力容易使金具脱落，应确认是否固定结实。

 戒指

1

拿起戒指座，将胶黏剂均匀涂在圆座部分。

2

金具固定于造型物的背面中央部分。

3

放置至充分干燥。

 项链

1

参考第61页的1～4,造型物成形后，在干燥前将圆环埋入造型物中。

2

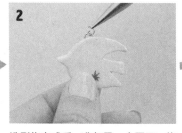

造型物完成后，准备另一个圆环，将其前后分开，穿入步骤1的圆环中。

3

将链条穿入步骤2的圆环，并闭合圆环。

发圈

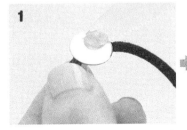

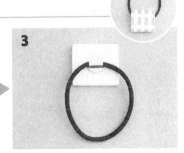

1 拿起发圈座，将胶黏剂均匀涂在圆座部分。

2 确认造型物上下，金具固定于造型物的背面中央部分。

3 放置至充分干燥。

 发卡

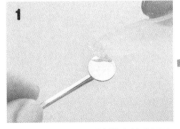

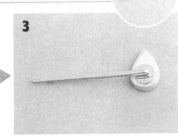

1 拿起发卡座，将胶黏剂均匀涂在圆座部分。

2 确认造型物上下，金具固定于造型物的背面中央部分。

3 放置至充分干燥。

 挂坠

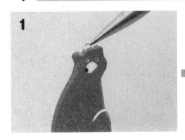

1 参考第61页的1～4,造型物成形后，在干燥前将圆环埋入造型物中。

2 造型物完成后，准备另一个圆环，将其前后分开，穿入步骤1的圆环中，并闭合圆环。

3 将挂坠金具的钩子穿入步骤2的圆环。

需要掌握的技巧

掌握黏土小饰物中圆环的使用诀窍。

① 埋入圆环

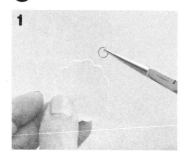

1 用夹钳夹住圆环。

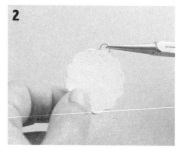

2 造型物干燥前，将圆环的切口部分埋入造型物。

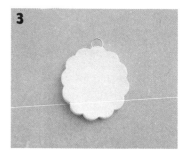

3 放置至充分干燥。

② 打开及固定圆环

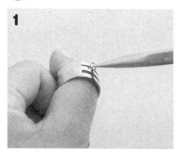

1 准备指环，用夹钳夹住圆环，挂入指环的槽中，前后扭动使其打开。

2 将步骤1打开的圆环穿入圆环（已埋入造型物中）。

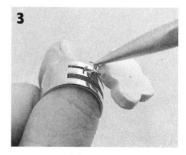

3 将步骤2穿入的圆环挂入指环的槽中，前后扭动使其闭合。

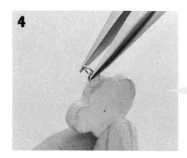

4 圆环仍然有细微间隙时，用平头夹钳从侧面夹住以闭合。如果用力过大，可能导致圆环松脱，应注意。

check!

上：即使没有指环，也可使用两只夹钳操作。
下：圆环左右展开，不合格。

③ 开孔

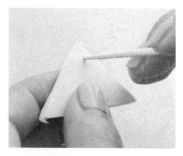

对造型物开孔时，参照第61页的1～4成形后，在干燥前用竹签等穿刺开孔。

纸型和金具及颜色

介绍第 6 ～ 53 页作品的纸型和作品中使用的金具、
颜色及图案。

颜色的分辨

本书中使用几个厂家的笔、彩色铅
笔制作作品，颜色名称同样沿用各
厂家的取名。所使用颜料及笔的简
称参照右表。

颜料及笔的简称

丙：丙烯颜料　　　马(油)：油性马克笔

签：签字笔　　　　P：PONKY 彩色铅笔

马：马克笔　　　　圆(油)：油性圆珠笔

记：记号笔　　　　中：中性圆珠笔

彩：彩色铅笔

※ 带星标记（★）的纸型翻面制作的作品也有刊登。

 P6 1 ～ 10 **圆形**胸针、耳坠、耳环

所需金具

1～3, 5～9…胸针金具
4…耳坠金具（钉型）
10…耳环金具

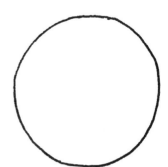

使用的颜色/图案

1… 丙：紫苑／5
2… 丙：天空蓝
3… 彩：桃红／9
4… 丙：亮蓝
5… 丙：亮蓝
6… 丙：粉紫／5
7… 丙：永固红／3
8… 丙：粉紫
9… 丙：浅蓝／1
10… 丙：粉柠檬黄

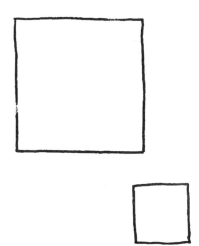

所需金具

- -

11,12,14～16,18,20,25,26,28,29…胸针金具

13…戒指座

17, 21, 24…耳环金具

19…发卡座

22…发圈座

23, 27…耳坠金具（钉型）

使用的颜色／图案

- -

11 … 丙：粉橄榄绿

12 … 丙：粉蓝

13 … 丙：粉橄榄绿

14 … 丙：粉柠檬黄、粉紫

15 … 丙：苔藓绿／8

16 … 丙：粉红、棕红／5

17 … 丙：粉紫

18 … 丙：草绿／3

19 … 丙：粉橄榄绿

20 … 丙：粉红、粉柠檬黄

21 … 丙：水绿

22 … 丙：蒲公英粉／2

23 … 丙：亮蓝

24 … 丙：粉红、棕红

25 … 彩：黄／9

26 … 彩：蓝／1

27 … 丙：水绿

28 … 彩：黄绿

29 … 丙：水绿

30～38 水滴、圆环 胸针及别针

所需金具

- -

30、31、33、34、37、38…胸针金具
32、35、36…发卡座

使用的颜色/图案

- -

30…丙：粉蓝
31…丙：永固深黄
32…丙：琉璃
33…丙：群青
34…丙：永固红
35…丙：粉蓝
　　签：群青
36…丙：天空蓝
37…签：蓝
38…丙：永固蓝／3

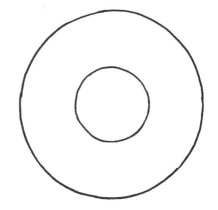

 39 ～ 44 蝴蝶结 戒指、胸针

所需金具

- -

39 ～ 41…戒指座
42 ～ 44…胸针金具

使用的颜色/图案

39…丙：粉柠檬黄、粉紫
40…丙：粉紫、淡紫
41…丙：粉柠檬黄、水绿
42…丙：琉璃（用棉棒盖章）
43…丙：永固绿
44…丙：永固深黄、中性灰 5

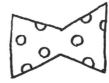

P9 45,46 **心形** 胸针

所需金具
- -
45、46…领口针座

使用的颜色/图案
- -
45…丙：永固红
46…丙：金

P10 47 ～ 55 **星星、月亮** 胸针

所需金具
- -
47 ～ 55…胸针金具

使用的颜色/图案
- -
47…丙：永固柠檬黄
48…丙：永固深黄、
　　　 橄榄绿、永固柠檬黄
49…丙：永固红
50…丙：亮蓝
　　　 用不锈钢细刻刀切削
51…丙：天空蓝
52…丙：永固红／6
53…丙：粉蓝／5
54…丙：金
55…丙：天空蓝、中性灰5、粉蓝

56 ～ 70 **房子、山、树** 胸针

所需金具

- -

56 ～ 70…胸针金具

使用的颜色/图案

- -

56…丙 : 永固蓝绿
　　　永固绿

57…丙 : 永固黄绿

58…丙 : 永固黄绿
　　　土黄

59…丙 : 土黄
　　签 : 深绿

60…丙 : 永固绿、棕红

61…丙 : 永固红

62…丙 : 永固黄绿
　　　土黄

63…丙 : 天空蓝

64…丙 : 永固绿、棕红

65…丙 : 土黄
　　签 : 黄绿、金黄

66…丙 : 永固绿

67…丙 : 中性灰 5、
　　　永固深黄

68…丙 : 永固黄绿
　　　土黄

69…丙 : 永固绿、棕红

70…丙 : 土黄
　　签 : 深绿

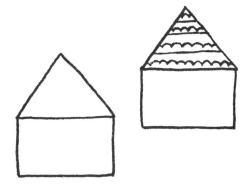

所需金具

- -

71…挂坠金具、圆环

72～79…胸针金具

使用的颜色/图案

- -

71… 丙：永固红, 记：白

72… 丙：永固黄, 记：白

73… 丙：亮蓝, 记：白

74… 签：紫, 记：白

75… 丙：永固红/6

76… 丙：棕灰

77… 丙：永固深黄, 马：橙

78… 丙：粉柠檬黄, 签：黄绿

79… 丙：土黄, 签：褐

P15　80～88　**橡实及树叶** 胸针、耳坠

所需金具

- -

80,81,84～87…胸针金具

82,83,88…耳坠金具（钉型）

使用的颜色/图案

- -

80… 丙：水绿, 签：绿

81… 丙：水绿、粉柠檬黄, 签：黄绿

82… 丙：永固黄, 马：金黄

83… 丙：永固深黄, 记：绿

84… 丙：永固深黄, 马：金黄

85… 丙：橄榄绿、土黄, 签：褐

86… 丙：永固黄绿, 签：绿

87… 丙：土黄、赤红, 签：褐

88… 丙：粉绿, 签：绿

89 ～ 110 花朵 项链、耳坠、耳环、胸针

P16
P17

所需金具

- -

89,90…项链金具、圆环

91,93,95…耳坠金具（钩型）、圆环

92…耳坠金具（钉型）

94…耳环金具

96,104,105…领口针座

97 ～ 103,106 ～ 110…胸针金具

使用的颜色/图案

- -

89… 丙 : 粉紫、亮蓝

90… 丙 : 粉紫、暗棕

91… 丙 : 草绿

92… 丙 : 永固深黄

　　 记 : 极细 黑

93… 丙 : 永固深黄

94… 丙 : 粉蓝、亮蓝、粉柠檬黄

95… 丙 : 粉紫

　　 记 : 极细 黑

96… 丙 : 粉蓝、粉柠檬黄、
　　　　 永固黄绿

97… 丙 : 粉红、粉紫、丁香紫
　　　　 永固黄绿

98… 丙 : 白、永固黄绿、
　　　　 永固深黄

　　 记 : 褐

99… 丙 : 粉柠檬黄、暗棕

100… 丙 : 粉紫

　　 丙 : 极细 黑

101… 丙 : 粉蓝、亮蓝
　　　　 永固黄绿、粉柠檬黄

102… 丙 : 亮蓝

　　 签 : 极细 黑

103… 丙 : 粉柠檬黄、橄榄绿

　　 记 : 浅橙、土黄

104… 丙 : 白、永固黄绿

　　 签 : 褐

105… 丙 : 粉柠檬黄、嫩绿、暗棕

106… 丙 : 丁香紫、粉紫、粉柠檬黄

107… 丙 : 粉红、暗棕

108… 丙 : 粉柠檬黄、永固深黄、
　　　　 永固黄绿

　　 记 : 极细 黑

109… 丙 : 粉红、粉紫、粉柠檬黄

110… 丙 : 暗棕

111 ～ 116 **拼图、钻石**胸针

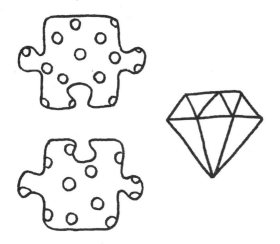

所需金具

- -

111～116…胸针金具

使用的颜色/图案

- -

111… 丙：粉红、丁香紫

112… 丙：水绿

113… 丙：亮蓝

　　 记：白

114… 丙：粉柠檬黄、水绿

115… 丙：粉柠檬黄、粉紫、

　　　　 粉红、水绿

116… 丙：粉蓝

　　　 用不锈钢细刻刀切削

117 ～ 127 **眼镜、领带、王冠、胡子**胸针

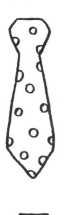

所需金具

- -

117～127…胸针金具

使用的颜色/图案

- -

117… 丙：粉蓝

118… 丙：粉红

119… 丙：乌黑

120… 丙：橄榄绿

121… 丙：琉璃（用棉棒盖章）

122… 丙：永固蓝

　　 记：极细 黑

123… 丙：丁香紫、粉紫

124… 丙：永固红

125… 丙：金

126… 丙：棕红

127… 丙：乌黑

P20 128 ～ 133 **纽扣** 胸针

所需金具

128～133…胸针金具

 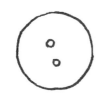

使用的颜色/图案

128… 丙：粉紫、粉柠檬黄
129… 丙：粉紫
130… 丙：粉红
131… 丙：粉蓝、暗棕
132… 丙：粉红、棕红
133… 丙：粉橄榄绿、粉柠檬黄

 P21 134 ～ 140 **马克杯、餐具** 胸针

所需金具

134～140…胸针金具

使用的颜色/图案

134… 丙：粉红，签：紫红
135… 丙：粉柠檬黄，记：极细 黑
136… 丙：粉紫、中性灰5
137… 丙：粉蓝，签：群青
138… 丙：水绿
139… 丙：粉蓝
140… 丙：粉柠檬黄

 P23 141 ～ 146 **鲸鱼、鱼儿** 胸针

所需金具

141～146…胸针金具

使用的颜色/图案

141 … 丙：露草色
142 … 丙：深蓝，马(油)：灰/3
143 … 丙：永固红／1
144 … 丙：永固红，马(油)：灰
145 … 丙：乌黑
146 … 丙：天空蓝，彩 蓝，马(油)：灰
　　　　用不锈钢细刻刀切削

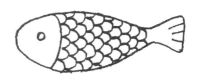

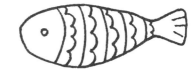

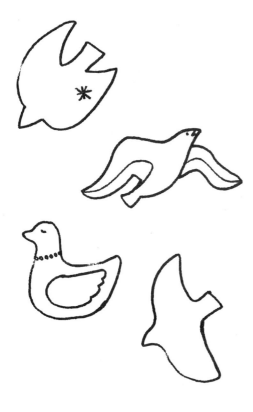

所需金具

147…项链金具、圆环

148～158…胸针金具

使用的颜色／图案

147… 丙 : 粉红，签 : 群青

148… 丙 : 粉蓝，签 : 群青

149… 丙 : 白、深蓝

150… 丙 : 粉紫

151… 丙 : 水绿

152…无涂色,仅涂清漆

153… 丙 : 粉柠檬黄、永固深黄

　　 签 : 黄，记 : 极细 黑

154… 丙 : 白、永固深黄

　　 签 : 亮灰，记 : 极细 黑

155… 丙 : 粉蓝，签 : 水蓝，记 : 极细 黑

156… 丙 : 白、永固深黄、

　　 粉橄榄绿、丁香紫,记 : 极细 黑

157… 丙 : 永固深黄、粉紫、

　　 丁香紫、白,记 : 极细 黑

158… 丙 : 粉柠檬黄、

　　 永固深黄、

　　 粉紫,记 : 极细 黑

P26　159 ～ 169 **猫、狗** 胸针

所需金具

159～169…胸针金具

使用的颜色／图案

159… 丙 : 粉柠檬黄

160… 丙 : 永固红／6

161… 丙 : 土黄

162… 丙 : 粉紫/3

163… 丙 : 乌黑

164… 丙 : 水绿／4

165… 丙 : 苔绿／9

166…无涂色,仅涂清漆

167… 丙 : 土黄

168… 丙 : 永固红，记 : 白

169… 丙 : 棕红

P27 170 ～ 175 **猫头、狗头** 发圈及胸针

所需金具

170 ～ 172 …发圈座

173 ～ 175 …胸针金具

使用的颜色/图案

170… 丙：乌黑、白

171… 丙：土黄，记：极细 黑

172… 丙：白，记：极细 黑

173… 丙：乌黑、白

174… 丙：土黄、白

175… 丙：土黄，记：极细 黑

 P28 176 ～ 187 **大象、兔子** 胸针

所需金具

176 ～ 187…胸针金具

使用的颜色/图案

176… 丙：粉红、粉柠檬黄

177… 丙：粉紫、粉柠檬黄

178… 丙：水绿／7

179… 丙：土黄，P：褐

180… 丙：粉红／7

181…无涂色,仅涂清漆

182… 丙：粉紫／5

183…无涂色,仅涂清漆

184… 丙：米褐

185… 丙：米褐

186… 丙：粉红

187…无涂色,仅涂清漆

 P29 188 ～ 190 **熊** 挂坠及胸针

所需金具

188…挂坠金具、圆环

189、190…胸针金具

使用的颜色/图案

188… 丙：暗棕、白、乌黑

189… 丙：土黄、白，记：极细 黑

190… 丙：棕红、白，记：极细 黑

P29 191, 192 　**北极熊** 胸针

所需金具
- -
191, 192…胸针金具

使用的颜色／图案
- -
191…记：极细 黑
192…丙：白，记：极细 黑

P30 193 ～ 199 　**熊猫、长颈鹿** 胸针

所需金具
- -
193～199…胸针金具

使用的颜色／图案
- -
193…丙：粉柠檬黄、暗棕
194…丙：粉柠檬黄，记：极细 黑，马：橙
195…丙：永固深黄
　　　釜：土黄，记：极细 黑
196…丙：乌黑
197…丙：白、乌黑
198…丙：乌黑
199…丙：白、乌黑

P31 200 ～ 202 **绵羊** 胸针

所需金具
- -
200～202…胸针金具

使用的颜色／图案
- -
200…丙：乌黑、草绿
201…丙：乌黑
202…丙：乌黑、水绿／4

P31 203 ～ 205 **刺猬** 胸针

所需金具

203～205…胸针金具

使用的颜色／图案

203… 丙：棕红、粉柠檬黄
　　 记：极细 黑、白
204… 丙：橄榄绿、粉柠檬黄
　　 记：极细 黑、白
205… 丙：土黄、粉柠檬黄
　　 记：极细 黑

 P32 206 ～ 214 **恐龙** 胸针

所需金具

206～214…恐龙胸针

使用的颜色／图案

206… 丙：梅红，记：白
207… 丙：粉蓝，记：极细 黑
208… 丙：紫苑，记：白
209… 丙：粉柠檬黄，记：极细 黑
210… 丙：嫩绿，记：极细 黑
211… 丙：梅红，记：白
212… 丙：永固亮绿，圆(油)：黑
213… 丙：天空蓝，圆(油)：黑
214… 丙：永固深黄，圆(油)：黑

 P35 215 ～ 223 **草莓、苹果** 发卡、胸针

所需金具

215～217…发卡座
218～223…胸针金具

使用的颜色／图案

215… 丙：粉红、永固黄绿，马：灰
216… 丙：永固红、永固黄绿、白
217… 丙：永固红、永固深绿、白
218… P：红、褐、绿、黄、黄绿
219… 丙：永固红、棕红、永固深绿
220… 丙：永固黄绿、永固绿、棕红
221… 丙：永固红、永固黄绿、白
222… 丙：粉红、永固黄绿，马：灰
223… 丙：永固红、永固深绿、白

 224～229 饼干、甜甜圈 胸针

所需金具

224～229…胸针金具

使用的颜色／图案

224…丙：土黄，记：白
225…丙：土黄、棕红
226…丙：土黄、白、粉橄榄绿、
　　　棕红、永固红
227…丙：土黄、棕红、粉红、
　　　永固亮绿、粉柠檬黄
228…丙：土黄、棕红、粉柠檬黄
229…丙：土黄
　　（干燥前，用不锈钢细刻刀按压表面）

 230～235 糖果、冰淇淋 胸针

所需金具

230～235…胸针金具

使用的颜色／图案

230…丙：粉红、土黄，签：土黄
231…丙：粉柠檬黄、土黄，签：土黄
232…丙：水绿、土黄，签：土黄
233…丙：白、天空蓝
234…丙：白、永固深黄
235…丙：永固红

84

P38 236 ～ 242 **红酒、面包** 胸针

所需金具

- -

236～242…胸针金具

使用的颜色/图案

- -

236…彩: 蜂蜜黄、黄

237…丙: 土黄、粉柠檬黄

238…丙: 橄榄绿、粉柠檬黄
　　　永固黄绿，签: 褐

239…丙: 乌黑、紫罗兰，签: 褐

240…丙: 胭脂红、紫罗兰，签: 褐

241…丙: 土黄、白

242…丙: 土黄、棕红、白

立体作品的制作方法

- -

236…将适当量的黏土搓圆,稍稍转动黏土座,使其细长。
一面向黏土座按压,制作成平面,用黏土塑刀刻出切口,
并使其干燥。参照第61页的7、8涂色,并涂清漆。

242…将适当量的黏土搓圆,用双手调整成稍呈椭圆形。一
面向黏土座按压,制作平面,用黏土塑刀刻出两侧凹处,
并使其干燥。参照第61页的7、8涂色,并涂清漆。

 P40 P41 243 ～ 255 **轿车、公共汽车、卡车、火车、高铁** 胸针

所需金具

- -

243～255…胸针金具

使用的颜色/图案

- -

243…丙: 永固红、琉璃、白

244…丙: 永固深黄、
　　　永固深绿、白

245…丙: 永固深绿、乌黑

246…丙: 永固深黄、琉璃、白

247…丙: 永固橙、乌黑、白

248…丙: 永固深绿、琉璃、白

249…丙: 永固深黄、
　　　永固深绿、琉璃、白

250…丙: 琉璃、嫩绿，记: 白

251…丙: 永固红、
　　　永固深黄、琉璃

252…丙: 橄榄绿、粉橄榄绿、
　　　乌黑，记: 白

253…丙: 永固红、乌黑，
　　　记: 白

254…丙: 永固蓝、
　　　永固深黄，记: 极细 黑

255…丙: 永固蓝、永固柠檬黄、
　　　粉蓝、乌黑

P42 256 ～ 258 **热气球** 胸针

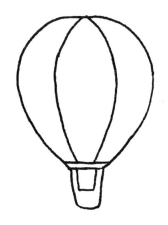

所需金具

256～258…胸针金具

使用的颜色/图案

256…丙：苔绿、草绿、土黄
257…丙：粉紫、水绿、土黄
258…丙：草绿、永固红、土黄

P43 259 ～ 262 **帆船** 胸针

所需金具

259～262…胸针金具

使用的颜色/图案

259…丙：永固红，记：极细 黑
260…丙：深蓝，记：极细 黑
261…丙：永固红，记：极细 黑
262…丙：永固蓝，记：极细 黑

P45 263 ～ 268 **四叶草、郁金香** 胸针

所需金具

263～265…领口针座
266～268…胸针金具

使用的颜色/图案

263…丙：永固深绿
264…丙：永固黄绿
265…丙：橄榄绿、白
266…丙：永固深绿、永固深黄、
　　　　粉橄榄绿
267…丙：永固黄绿、永固红、
　　　　粉橄榄绿
268…丙：橄榄绿、粉橄榄绿、永固橙

P46　269 ～ 277 **帆船、西瓜** 胸针

所需金具

269～277…胸针金具

使用的颜色/图案

269… 丙 ：永固黄绿
270… 丙 ：永固深黄、永固深绿，记 ：极细 黑
271… 丙 ：草绿、嫩绿
272… 丙 ：永固深黄、永固深绿，记 ：极细 黑
273… 丙 ：粉红、水绿
274… 丙 ：粉柠檬黄、水绿、亮蓝
275… 丙 ：永固红、永固深绿，记 ：极细 黑
276… 丙 ：粉柠檬黄、粉蓝
277… 丙 ：永固红、永固深绿，记 ：极细 黑

 P47　278 ～ 280 **帽子** 胸针

所需金具

278～280…胸针金具

使用的颜色/图案

278… 丙 ：橄榄绿、粉柠檬黄、白，记 ：极细 黑
279… 丙 ：土黄、乌黑、白
280… 丙 ：粉柠檬黄、琉璃、白

 P47　281 ～ 283 **蔬菜** 胸针

所需金具

281～283…胸针金具

使用的颜色/图案

281… 丙 ：胭脂红
282… 丙 ：永固深绿
　　　 中 ：白
283… 丙 ：永固亮绿、
　　　　　永固黄绿
　　　 签 ：绿

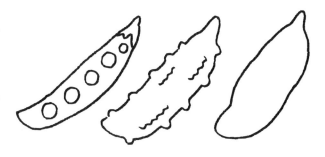

P48 284，285 **万圣节** 胸针 　　　　　　　　　　　　　　　　　※ 黑猫的纸型参照第 80 页。

所需金具

284，285…胸针金具

使用的颜色／图案

284…丙：永固橙、粉柠檬黄，记：极细 黑
285…丙：乌黑，记：白

 P48 286 ～ 288 **猫头鹰** 胸针

所需金具

286～288…胸针金具

使用的颜色／图案

286…丙：棕红、粉柠檬黄、白、
　　　永固橙，记：极细 黑
287…丙：永固橙、粉柠檬黄，记：白、极细 黑
288…丙：橄榄绿、粉柠檬黄、永固橙
　　　记：白、极细 黑

P49 289 ～ 291 **连指手套** 胸针

所需金具

289～291…胸针金具

使用的颜色／图案

289…丙：永固红、白
290…丙：橄榄绿、白
291…丙：琉璃

P49 292 ～ 294 **雪人** 胸针

所需金具	使用的颜色/图案
292～294…胸针金具	292… 丙:琉璃, 签:亮灰、金黄、黄, 记:极细 黑 293… 丙:乌黑、永固红, 签:金黄, 记:极细 黑 294… 丙:永固红, 签:金黄、亮灰, 记:极细 黑

 295 ～ 302 **松树、礼物** 胸针

所需金具

295～302…胸针金具

使用的颜色/图案

295… 丙:橄榄绿、土黄、琉璃
296… 丙:永固黄绿、中性灰
297… 丙:永固深黄
　　　　永固黄绿、深蓝
298… 丙:永固柠檬黄、粉绿
299… 丙:梅红、中性灰
300… 丙:永固深绿、土黄、
　　　　琉璃
301… 丙:天空蓝、永固深黄
302… 丙:金、永固红

 303 ～ 308 **圣诞树、圣诞老人、小矮人** 胸针

所需金具

303～308…胸针金具

使用的颜色/图案

303… 丙:橄榄绿、粉柠檬黄、
　　　　永固红、金、棕红
304… 丙:永固红、白、粉柠檬黄,
　　　 签:金黄, 记:极细 黑
305… 丙:永固红、粉柠檬黄、
　　　 土黄, 签:金黄, 记:极细 黑
306… 丙:永固深绿、粉柠檬黄、
　　　 土黄, 签:金黄, 记:极细 黑
307… 丙:永固蓝、粉柠檬黄、
　　　 土黄, 签:金黄, 记:极细 黑
308… 丙:永固深黄、粉柠檬黄、
　　　 土黄, 签:金黄, 记:极细 黑

Let's arrange!!

P11 筷托

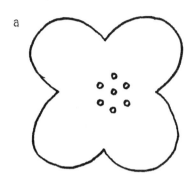

a

使用的颜色／图案
- -
由上至下
丙: 粉红、中性灰
丙: 中性灰
丙: 粉柠檬黄、中性灰

b

使用的颜色／图案
- -
由上至下
丙: 黄檗、嫩绿
丙: 浅绿
丙: 嫩绿

P11 磁吸

※ 纸型参照第 71～72 页。

所需金具
- -
磁吸

使用的颜色／图案
- -
磁吸·圆形左…丙: 粉紫
磁吸·圆形右…丙: 粉柠檬黄、粉橄榄绿
磁吸·三角形…丙: 永固黄绿
磁吸·正方形…丙: 水绿

P22 发箍

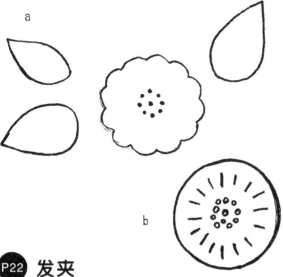

a

b

所需金具

- -

a，b…发箍金具

使用的颜色／图案

- -

a … 丙：粉橄榄绿、粉紫、
　　　　粉红、中性灰
b … 丙：中性灰、苔绿、草绿、
　　　　蒲公英粉

P22 发夹

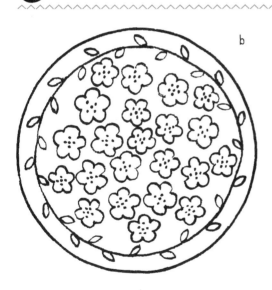

b

a

所需金具

- -

a，b…发箍金具

使用的颜色／图案

- -

a … 丙：中性灰、黄檗、草绿
b … 丙：粉蓝、粉橄榄绿、
　　　　中性灰、黄檗

P39 利用贴纸

※ 纸型参照第 71 页。

所需金具及材料

- -

胸针金具、贴纸

使用的颜色／图案

- -

无涂色，仅涂清漆

所需金具及材料

胸针金具、珠子

使用的颜色/图案

a…由上至下
　　丙：土黄
　　丙：棕红
　　丙：土黄
b…无涂色，仅涂清漆

P44 风铃

所需金具及材料

圆环、线、竹签

使用的颜色/图案

● 热气球的风铃
由左至右
丙：永固深黄、土黄
丙：永固红、土黄
丙：草绿、土黄
● 帆船的风铃
由左至右
丙：天空蓝
丙：永固红
丙：永固深绿

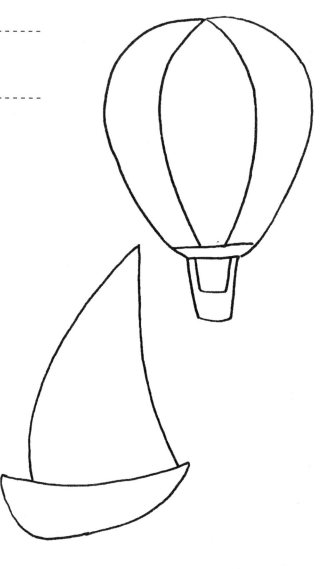

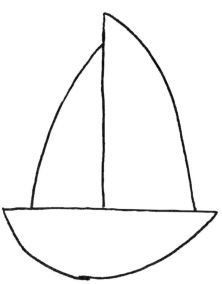

P52 包装饰品

所需金具

a，b…圆环

使用的颜色/图案

a 左… 丙 : 草绿
a 右…无涂色，仅涂清漆
b…无涂色，无清漆

下层由左至右（纸型与b相同）
丙：草绿、粉绿
丙：梅红、黄檗、草绿
丙：嫩绿、中性灰、
棕红
无涂色，无清漆

P53 装饰物

所需材料

绳子

使用的颜色/图案

a… 丙：浅绿、嫩绿、黄檗、梅红、紫苑／8
b… 丙：浅绿、嫩绿、黄檗、梅红、紫苑／2

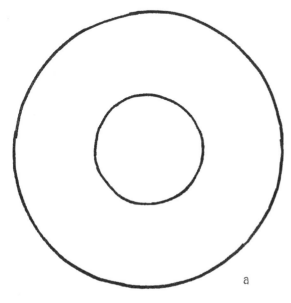

所需材料

吸管

使用的颜色／图案

由左至右

丙：永固红

丙：嫩绿

丙：乌黑

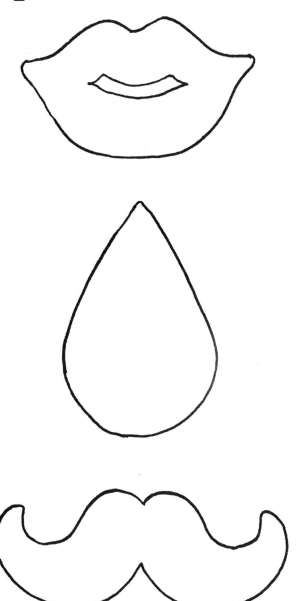

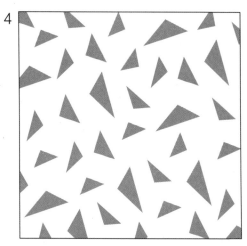

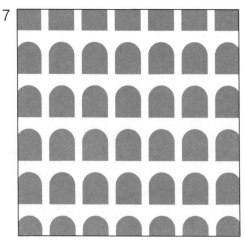

可直接描印使用的花纹图案，本书中使用以下9种。参照第65页

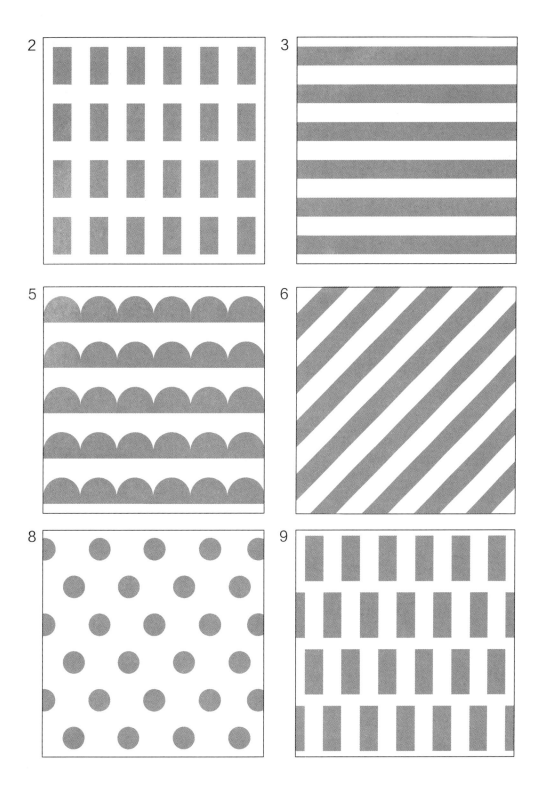

本书是用石塑黏土制作成各种形状简单但是富有魅力的各种小饰品，如胸针、耳环、项链等，不需要烤箱烘烤，只要简单几步就能完成的陶土风格小饰品，没有美术基础也可以轻松描绘制作完成。每款作品都有实物大的纸型，还有基础的黏土教程，适合手工爱好者参考。

图书在版编目（CIP）数据

简单造型的黏土小饰物手作 / ［日］佐藤玲奈著；史海媛，韩慧英译.
—北京：化学工业出版社，2017.7
ISBN 978-7-122-29456-2

Ⅰ.①简… Ⅱ.①佐… ②史… ③韩… Ⅲ.①粘土-手工艺品-制作
Ⅳ.①TS973.5

中国版本图书馆CIP数据核字（2017）第071260号

责任编辑：高　雅　　　　　　　　　　　　　责任校对：宋　玮

出版发行：化学工业出版社（北京市东城区青年湖南街13号　邮政编码100011）
印　　装：北京画中画印刷有限公司
787mm×1092mm　1/16　印张 6　字数 260 千字　2017年10月北京第1版第1次印刷

购书咨询：010-64518888（传真：010-64519686）　售后服务：010-64518899
网　　址：http://www.cip.com.cn
凡购买本书，如有缺损质量问题，本社销售中心负责调换。

定　　价：39.80元　　　　　　　　　　　　　　　　版权所有　违者必究